走进浙江青田稻鱼共生系统

田鱼村的一年四季

焦雯珺 著

科学普及出版社
·北京·

图书在版编目（CIP）数据

田鱼村的一年四季：走进浙江青田稻鱼共生系统 /
焦雯珺著. -- 北京：科学普及出版社，2022.8
ISBN 978-7-110-10468-2

I.①田… II.①焦… III.①稻田养鱼 – 青田县 – 少儿
读物 IV.① S964.2-49

中国版本图书馆 CIP 数据核字（2022）第 131040 号

策划编辑	李 镅	
责任编辑	李 镅	
插图绘制	王宪明 张 娜	
封面设计	锋尚设计	
版式设计	锋尚设计	
责任校对	焦 宁	
责任印制	马宇晨	

出　版	科学普及出版社
发　行	中国科学技术出版社有限公司发行部
地　址	北京市海淀区中关村南大街 16 号
邮　编	100081
发行电话	010-62173865
传　真	010-62173081
网　址	http://www.cspbooks.com.cn

开　本	787mm×1092mm　1/12
字　数	50 千字
印　张	4⅓
版　次	2022 年 8 月第 1 版
印　次	2022 年 8 月第 1 次印刷
印　刷	河北环京美印刷有限公司
书　号	ISBN 978-7-110-10468-2 / S・578
定　价	38.00 元

目　录

走进田鱼村

青田——中国田鱼之乡

青田县地处浙江省的东南部，瓯江中下游，东邻永嘉、瓯海，南毗瑞安、文成，西连景宁、莲都，北接缙云。县政府所在地距离温州市区约50千米，距离丽水市区约70千米，距离杭州市区约350千米。

青田县地形平面呈圆形，瓯江自西北向东南流淌而过。全县东西长62千米，南北59千米，总面积2493平方千米，山多地少，素有"九山半水半分田"之称。

青田县属亚热带季风气候，温暖湿润的气候为稻田养鱼提供了优越的自然条件。1300多年来，稻田养鱼这一传统农业生产方式一直被当地农民所传承，青田县也因此得名"中国田鱼之乡"。稻田养鱼在青田县境东南部的方山、小舟山、仁庄等乡镇均有分布，其中以方山乡的历史最为悠久。

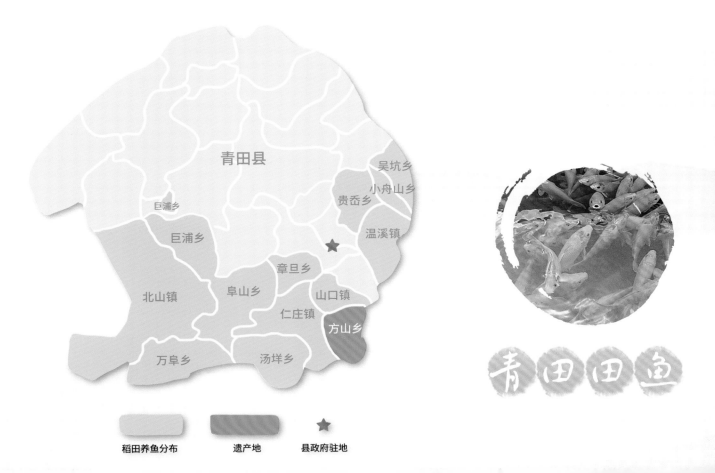

青田县

吴坑乡
小舟山乡
贵岙乡
温溪镇

巨浦乡
巨浦乡

北山镇　阜山乡　章旦乡　山口镇
　　　　　　　　仁庄镇
　　　　　　　　　　方山乡

万阜乡　汤垟乡

稻田养鱼分布　　遗产地　　县政府驻地

青田田鱼

龙现村平面示意图

稻田养鱼充分利用了水稻与田鱼之间的互惠共生关系，是典型的生态农业模式。对位于丘陵低山区的青田而言，稻田养鱼能"增粮、增鱼、增肥、增收、节水、节地、节肥、节工"，可有效缓解当地的人地矛盾，兼具经济和生态优势。

2005年，"浙江青田稻鱼共生系统"被联合国粮食及农业组织认定为首批"全球重要农业文化遗产"，也是中国第一个"全球重要农业文化遗产"。2013年，"浙江青田稻鱼共生系统"被农业部（现农业农村部）列为首批"中国重要农业文化遗产"。

青田稻田养鱼的起源

传说春秋末期越国大夫范蠡开创堰塘养鱼，淡水鱼类养殖一直就是江浙地区重要的农业生产方式之一。水耕火耨、饭稻羹鱼是对吴越地区生产、生活方式的极好概括。在经历越灭吴、楚灭越、秦灭楚、汉灭秦的巨大变化后，部分越人逃到江、浙、皖一带的深山里，被称为山越。青田曾为山越的分布地。为维系原先饭稻羹鱼的生活方式，这一地区的农民开始利用稻田养殖淡水鱼类，并经过反复试养和驯化，形成了天然的稻鱼共生系统。

方山乡龙现村

　　方山乡龙现村位于青田县的东南部，有着"中国田鱼村"的称号。这里是"浙江青田稻鱼共生系统"的核心区域，不仅稻田养鱼历史悠久，还有吴乾奎旧居、吴氏宗祠、龙现十八潭、奇云山等人文与自然景观。

4.6 平方千米
龙现村总面积

800 多人
华侨数量

30 多个
侨居国家

吴乾奎旧居

　　龙现村的吴乾奎是青田最早的华侨之一，最早把青田石雕销往欧洲。1930年，吴乾奎回国在龙现村建起了一幢五间二厢三层"中西合璧"的住宅，称"延陵旧家"，至今保存完好。

稻田养鱼

溪水养鱼

吴氏宗祠

水塘养鱼

吴氏宗祠始建于清康熙十六年（1677），康熙三十二年（1693）、乾隆二年（1737）重建。宗祠结构巧妙，技艺精良，正中的大牌匾上写着"源远流长"四个大字，代表着吴氏家族的兴旺。

走进龙现村，就犹如走进了鱼的世界。无论是房前屋后，还是田间地头，凡是有水的地方，都被用来养殖田鱼，真可谓"家家都有塘，有塘就有水，有水则有鱼，田鱼当家禽"。

多姿多彩的田鱼

在漫长的稻田养鱼生产实践中，青田先民选育出了特有的田鱼地方品种——青田田鱼。青田田鱼属鲤科，是我们平常所说鲤鱼的一种，因瓯江水的滋养，而得了"瓯江彩鲤"的学名。青田田鱼的体色多彩，有全红的，有青的，有黑的，有大花的，有麻花的，还有粉玉的……肥硕多彩的青田田鱼，既可烹饪美食，又可供游人观赏。

花的如锦。

白的如银，

青的如蟹，

黑的如炭，

红的如火，

鲤鱼代表的文化意象

鲤鱼是中国流传很广的吉祥物。传统年画、窗花剪纸、建筑雕塑、织品花绣和器皿描绘中，鲤鱼的形象无所不在。鲤鱼多籽，"鱼"又谐音"余"，寄予了人们对子孙绵延和丰收富裕的美好愿望。

田鱼在青田民间有两种寓意：一是象征"年年有余"；二是象征"鲤鱼跳龙门"，飞黄腾达。

方山田鱼的传说

众所周知，方山乡的龙现村家家户户都养鱼。但是，方山乡地处高山，原本并没有鱼。关于田鱼的由来，当地流传着这样的传说。

很久很久以前，有一条身居奇云山的青龙，非常凶残，见龙源坑的溪流清静、环境优雅，就想占为己有。发现居住在龙源坑的白龙怀有身孕，青龙乘机前来争夺地盘。白龙为了保护当地的百姓，与青龙殊死争斗，不幸流产。白龙的表妹，东海龙王的外甥女鲤鱼公主闻讯前来相救。见到白龙被青龙所伤，浑身血污，身体虚弱，鲤鱼公主非常心痛。为了使白龙早日康复，她屡上奇云山采来仙药为白龙治伤，又悄悄用自己的心血为白龙补血，还忍痛拔下自己的鱼鳞为白龙修补缺损的龙鳞，昼夜守护，终于使白龙伤愈。白龙非常感动。为了能和鲤鱼公主朝夕相聚，白龙说服她在方山安下家来。鲤鱼公主见方山百姓纯良、风景秀美、稻田肥沃、水源充足，很适合自己定居，索性住了下来。于是，鲤鱼在方山世代繁衍，后代由单一的黑色，变成红、黑、白等多种色彩。

「春播山野绿」

孵化田鱼苗

　　每年农历三月，三龄以上的田鱼就开始产卵了，村民们便上山去砍柳杉枝、采棕片，与雌雄亲鱼一起放入自家的稻桶或水塘里。在传统的孵化方法下，几天后成千上万条小田鱼就出生了。

亲鱼选用

　　挑选健壮的三龄以上的雌雄亲鱼，以1∶2或2∶3的比例放进稻桶或水塘配合产卵。

夏花鱼苗

　　"水花"在鱼苗培育池中，要经过1个月以上的培育。当鱼苗长至3厘米以上，称为"夏花"。

产卵场布置

在稻桶或水塘内放入柳杉枝、棕片等作为鱼巢，再用竹片（俗称"竹笓"）引进活水，以流水刺激亲鱼活跃追逐产卵受精。

鱼苗孵化

待产完卵，将有鱼卵的鱼巢放在室外遮阴的地方或保温塑料棚内，以流水滴落喷出雾状细水珠保持湿度和溶氧。

"水花"鱼苗

经过5~7天，待鱼卵发育出明显眼点时，把鱼巢放入鱼苗培育池中，形如针尖的鱼苗就会破壳而出。这些尚未开口吃食的幼苗俗称"水花"。

春耕，开犁啦

清明时节，村民们就要鞭牛开耕了，希望为一年的稻田养鱼带来好收成。

耕田时，村民们会将农家肥作为基肥施入田中，并辅以适当的化学肥料。有的村民用作物秸秆还田，有的村民在田中撒入草木灰，还有的村民上山采集绿肥放入田里。

耕田工具

犁、耙、耖、丁齿滚筒等耕田工具，需通过牛的配合进行操作。

犁 用于破碎土块，配套工具还有枷档、纤绳、牛打脚等。

耙 与犁配套使用，可进一步破碎硬土块。

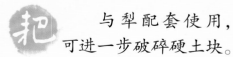

刮

刮平农田表面，使土层厚度均匀。

 铁耙

用于碎土、平地、加固田埂和处理
猪圈粪肥等。

宽铁耙

窄铁耙

 耖

灌水后和匀水与土。

 丁齿滚筒

灌水后混合土块与农家肥。

养鱼稻田的建造

　　耕田时，村民们会在田内留出低洼处作鱼凼，又在田边四周挖鱼沟，使鱼在天旱水浅时不至于干死。耕田后，村民们用挖出的土加高、加固田埂，再用竹篾、树枝条等编成拦鱼栅栏，安装在稻田的进出水口，以防鱼逃。

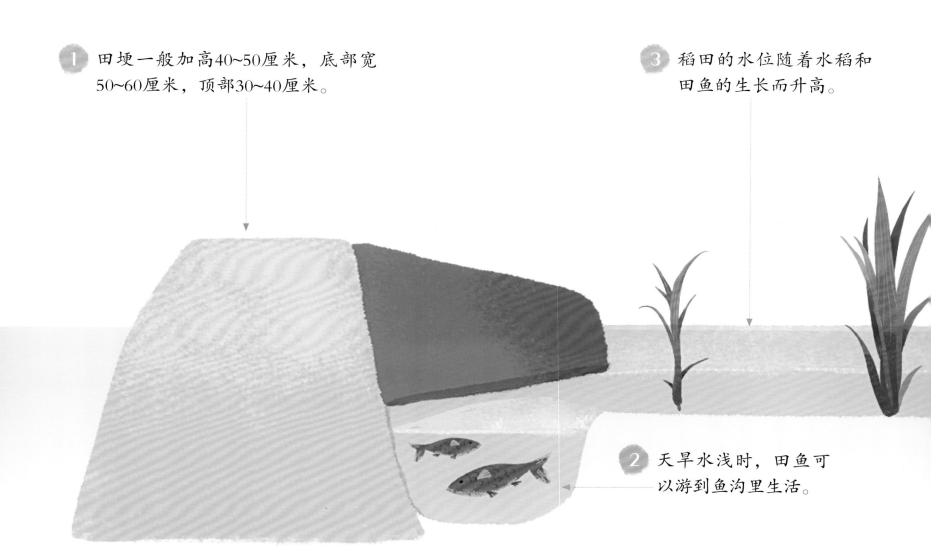

1　田埂一般加高40~50厘米，底部宽50~60厘米，顶部30~40厘米。

3　稻田的水位随着水稻和田鱼的生长而升高。

2　天旱水浅时，田鱼可以游到鱼沟里生活。

又称鱼簾，是用竹篾、树枝条等编成的拦鱼栅栏，用于防止田鱼逃跑。

④ 田鱼与水稻一起生长，建立了互惠共生的关系。

⑤ 村民们会在田埂的顶部和周围种上豆科植物，称为"田岸豆"。

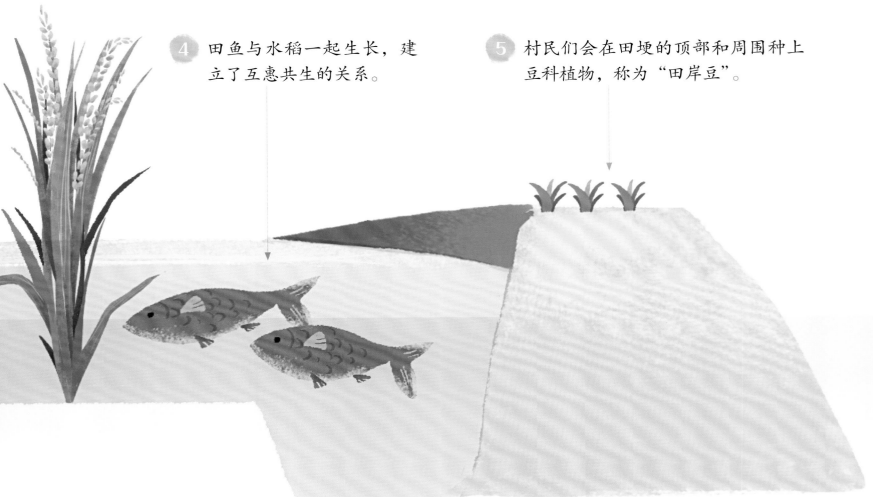

水稻下籽育秧

谷雨前后，村民们着手辟出一小块水田做秧田，将发出嫩芽的稻种撒进秧田。秧田的面积小，便于施肥和除虫。大约一个月后，长高的秧苗就可以拔出来，分株移植到大田里了。

水稻生长过程

稻种（第1天）

萌动（第2天）
种子开始萌动。

发芽（第3~4天）
芽至半粒谷长时，撒播到秧田里。

幼苗
种子撒入秧田20天左右，就会长出3片叶子。

秧苗
等秧苗长出4~5片叶子，就从秧田中拔出，分株插入稻田中。

插秧时根据不同的水稻品种、苗情、地力等来确定秧苗的栽插密度。适宜的行株距能使稻丛间的透光好、光照强、湿度低，可以有效地改善田间的小气候，促进水稻生长，有利于田鱼游动和觅食。

撒稻种

拔秧

插秧

当地水稻品种

银秋

籼稻，长粒，米白色，皮红色，用作营养米。

野猪糯

糯稻，椭圆粒，壳棕黑，米乳白色，用于酿酒、制作糖糕。

佃叶青

籼稻，椭圆粒，米白透明，做米饭用。

长芒稻

籼稻，长芒，米白透明，做米饭用。

x

夏耘稻鱼欢

放鱼苗喽

谷雨后、夏至前，待插秧结束1~2周后，村民们将“夏花”放入稻田，同时也将冬季收养的一龄鱼种（冬片），再次放入稻田。有的村民先把“夏花”放入秧田，待插秧结束，再移入稻田。

鱼苗盂

盛鱼苗的工具。

田鱼的生长过程

	→ 培育至秋季出塘	→ 越冬鱼种

秋片

（鱼儿）

16~18厘米，50~150克

白露收鱼

冬片

（鱼儿）

17~22厘米，100~200克

田鱼越冬

（大鱼）

22厘米以上，250克以上

放鱼苗的注意事项

投放鱼苗最好在一天的清晨或傍晚，中午稻田的水温过高，恐怕鱼苗不能适应。

一般每亩稻田投放300尾左右鱼苗，肥田多放，瘦田少放，放得过多会影响鱼儿生长，放得过少又会影响田鱼产量。

鱼苗放入稻田以后，有的村民会投喂麦麸、米糠等农家饲料。

田鱼遗传多样性的维持机制

　　龙现村的世代村民通过合作获得鱼苗和亲鱼，并对不同体色的田鱼通过混养进行培育。这种传统既增加了田鱼的产量，又保持了田鱼的遗传多样性。

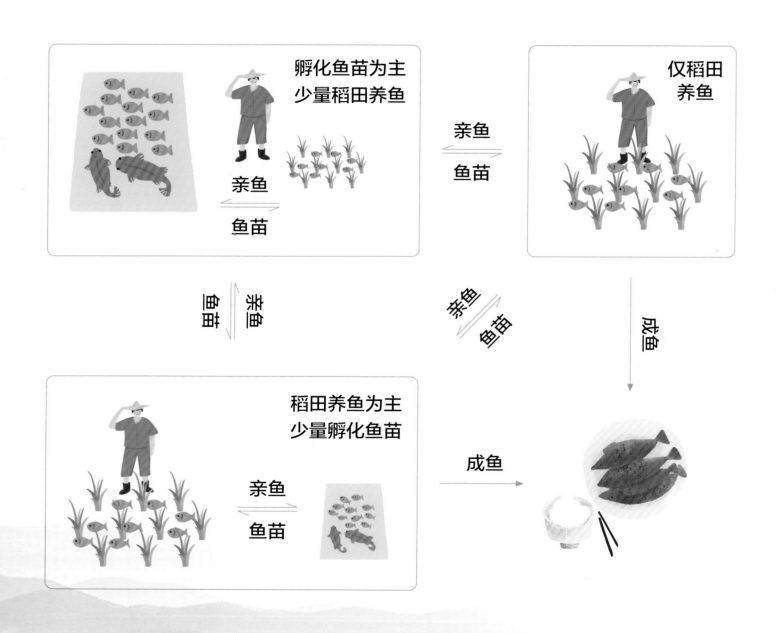

稻鱼互惠共生

　　稻田为田鱼的生长、发育、觅食、栖息提供了良好的生态环境。水稻为田鱼遮阴、提供饵料；田鱼吃食杂草、觅食害虫，可减少水稻病虫害的发生，排出的粪便还能肥田，可增加土壤肥力。田鱼觅食时频繁游动又会搅动水体，可起到松土增氧的作用。

为田鱼提供遮阴，同时抵御鸟类捕食。

吃

田鱼以杂草、昆虫为食，减少了农药的使用；觅食腐叶，又可减少稻田的甲烷排放。

游

田鱼频繁游动以觅食，会搅动水体，增加水中的氧气。

排

田鱼排出的粪便起到肥田作用，减少了化肥的使用。

丰富的生物多样性

鸟类

白鹭　　　　雁　　　　麻雀　　　　苍鹭

昆虫

蝗虫　　　　水蜘蛛　　　　水蜈蚣

浮游动物

草履虫　　　轮虫　　　水蚤　　　蚤状溞

水生植物

浮萍　　　　满江红　　　　槐叶萍

底栖动物

水蚯蚓　　　中华圆田螺　　　泥鳅

田鱼食谱

　　稻田内有丰富的水生生物，浮游植物、田螺等都是田鱼的食物来源。田鱼觅食水生生物，并转化为可以肥田的粪便，既加强了稻田内资源的转化利用，也为水稻生长提供了所需养分。

浮游植物　鸭舌草
猪毛草　稗草
水稻下脚叶

泥鳅　田螺
水蚯蚓
浮游动物

孑孓　稻螟蛉幼虫
稻飞虱　稻纵卷叶螟
纹枯病菌核　叶蝉

稻壳
豆腐渣
蔬菜碎叶

"全身是宝"的水稻

水稻全身都是宝，稻草可以喂牲畜，稻谷和稻壳成为家禽和田鱼的饲料，牲畜和家禽的粪便又成为稻田的肥料。村民们收获稻米，获得优质的植物蛋白。

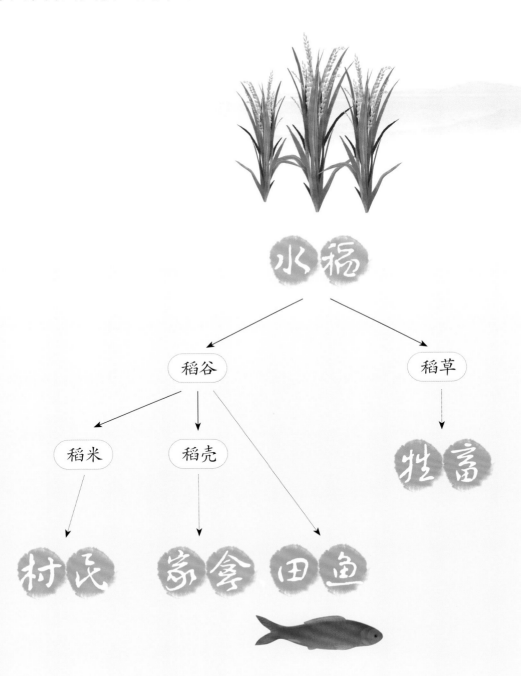

三分养，七分管

　　田间管理对于稻田养鱼十分重要，正所谓"三分养，七分管"。除了田鱼觅食以外，村民们还采用菜籽油、自制诱虫灯等传统方法进行除虫，使用田耙、薅锄等传统工具进行锄草，或人工拔草。

田间管理工具

由刀片和木把构成，用于收割庄稼和割草。

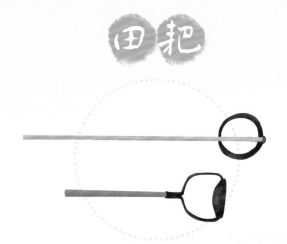

又称金刚圈，前端为铁制或竹制圆环，安装在木棍或竹竿上，主要用于耘田、锄草、松土。

菜籽油除虫

　　有时仅靠田鱼觅食害虫还不够，村民就在田中洒些菜籽油，站在田边用田耙推水，水面形成的波浪正好把稻子上的害虫卷下来，而这些害虫一旦沾上了菜籽油，就再也飞不起来了，从而给田鱼提供了丰富的食物。

 分为板锄、条锄、薅锄三种。

分四角形和三角形，锄刃有月牙形、齐口形，用于挖田、打埂、锄草等。

当地又称锄锥，用于新垦梯田时挖石头、挖树桩等。

用于锄草。

梯田灌溉

　　由于森林植被保护得好，龙现村的大部分梯田水源充足。稻田普遍采用溪水串灌形式，即水在上下田之间、左右田之间都是流动串通的。龙现村村民发明了"石门峡"（也称"十三闸"），来分配和管理不同区块稻田的流水量，解决了部分水源紧张梯田的供水问题。

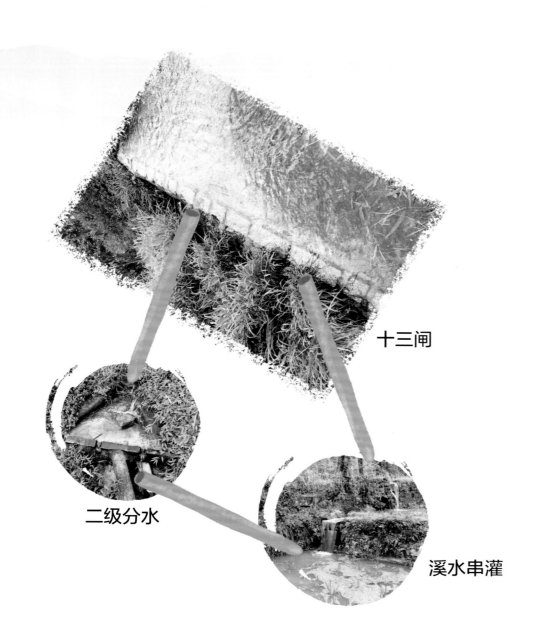

十三闸

二级分水

溪水串灌

下渗

森林

巧妙的"十三闸"

所谓"峡"或者"闸"，实际上是一块长3米、宽1.2米的石槽。村民根据当时各区块的稻田面积测算所需水量，在石槽的边沿刻凿出十三个大小不一的分水口，引导水流沿分水口流入相应区块的稻田，以此避免分水不均或管水作弊。

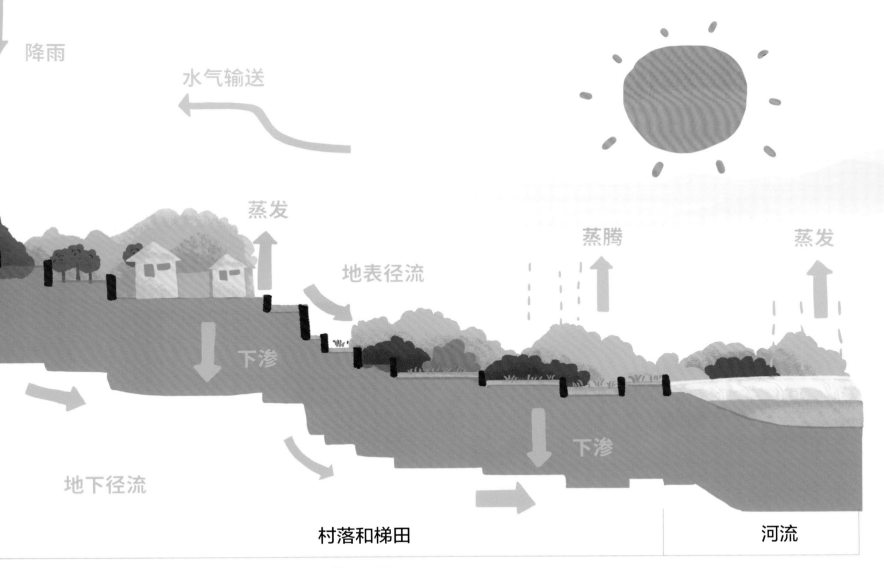

降雨

水气输送

蒸发

蒸腾

蒸发

地表径流

下渗

下渗

地下径流

村落和梯田

河流

梯田水循环

和谐的自然景观

　　梯田与山顶的森林、山腰的村落、山麓的河流共同组成人与自然和谐的生态系统。山顶的森林以常绿阔叶林、针阔混交林和毛竹林为主，发挥着水土保持、气候调节、环境净化、养分循环等重要作用。

森林优势树种

木荷　山茶科木荷属大乔木，高可达25米，是很好的防火林种和造林树种，也是景观绿化、康养和蜜源树种。

苦槠　壳斗科锥属乔木，高达15米，胸径50厘米，观赏价值高，可用于园林绿化。果实种仁富含淀粉，可制成防暑降温产品。

甜槠　壳斗科锥属乔木，高达20米，胸径50厘米，是次生林抚育时的主要留养树种。坚果味甜，可磨粉蒸糕。

青冈　壳斗科栎属常绿乔木，高可达20米，是重要的园林绿化树种、防火和防风林树种，也是重要的经济和用材树种。

「秋收稻鱼香」

收获田鱼

进入白露时节，水稻开始抽穗扬花，田鱼随之进入成熟期。村民们背上自家的鱼篓前往田里收鱼。二龄的大田鱼可用于出售和自家食用，一龄的小田鱼则放在自家水塘续养，或者利用稻田的休耕期续养即冬闲田养鱼。

将收获的田鱼盛放于其中，易于携带。

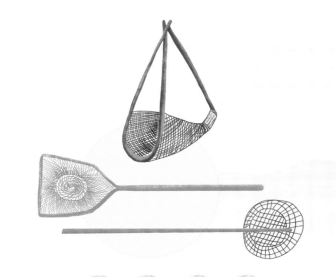

捞鱼工具

田鱼美食

收获的田鱼可现杀、现烧，剖腹去脏后勿洗勿去鳞，烹饪后味美、性和、肉细、鳞片软且可食。由鲜田鱼加工制作的田鱼干，更是闻名中外的青田地道土特产。

田鱼干是青田特产，制作田鱼干是一门精细手艺活，通过蒸、烘、焙等多道工序，达到鱼骨酥脆的效果。

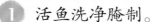

① 活鱼洗净腌制。

② 层层叠放至筛上。

③ 文火蒸煮。

④ 将熟鱼放在竹筛上，层间用稻草隔开，暗火烘焙。

⑤ 正反面叠放、防止粘连。

⑥ 翻鱼干2~3次。

⑦ 鱼干成品。

红烧田鱼

红烧田鱼是青田有名的菜肴。当地人选择干净水质中的田鱼，不对鱼进行清洗。杀鱼时，讲究"不洗鱼血，不刮鱼鳞，不挖鱼鳃"三个原则，这样做出来的鱼才更具有它本身鲜、香、嫩的特点，且营养丰富。

① 生姜、蒜瓣煸香。 ② 田鱼煎至两面金黄。 ③ 加调料小火慢炖。 ④ 红烧田鱼出锅。

田鱼的多种吃法

田鱼干炒粉干

田鱼烧茄子

竹篱田鱼

松鼠田鱼

炖田鱼汤

稻谷丰收

深秋时节，稻谷已经灌浆结实、完全成熟，村民们开始收获这份金灿灿的喜悦。收割在一年的农事中最为辛苦，村民们往往是全家一起出工。一家人各有分工，女人和孩子在前开镰割谷，男人随后用稻桶打谷，晚上再一起搬运稻谷回家。

利用稻桶等工具在稻田内完成打谷、脱粒等粗加工，既节省运输劳动力，又可以将谷芒谷壳还田施肥。

稻谷收回家，要过筛、翻晒、过扇、扬净晾干后，才可进仓储藏。传统的碾米工具有手臼、踏碓、水碓等，碾米后用风谷车把稻壳、米糠等吹走，稻米就这样分离出来了。

收获工具

镰刀

用于收割成熟的庄稼，也可用于割草。

稻桶

稻谷人工脱粒的专用工具，与稻梯、桶簟配合使用。

桶簟

稻梯

风谷车

又称风车，当地俗称风柜，木质传统农具，用来分离稻谷中杂质、瘪粒和秸秆屑等。

谷耙

一种木质工具，晾晒时用来摊开、翻动稻谷。

筛子

用于筛去晒好稻谷中的稻草、瘪谷和其他杂物。

箩筐

用竹篾编制而成，与扁担一起从地里收粮食回家或晾晒时盛装粮食。

一年一度"尝新饭"

金秋时节，新谷登场，饭稻羹鱼，其乐融融，正所谓"新米饭撞鼻头，红田鱼满盘头"。

新谷登场，村民们要进行一年一度的"尝新饭"。首先，用新米饭祭祀天地神明；其次，用新米饭祭祀列祖列宗；待神明、祖宗"尝"过新饭后，合家用饭。

"尝新饭"时可不能忘记辛勤耕作的牛，将新鲜稻草给牛品尝，称为"尝新稻草"；还要专门煮大桶的米汤给牛喝，称为"尝新米汤"。

"尝新饭"习俗

在村民心目中，一年一度的"尝新饭"，是一件十分隆重的事。在众多"尝者"中，谁先"尝"，谁次之，谁再次之……都很有讲究。

最先"尝"的是天地神灵。把一碗新米煮成的饭、一盘烧熟的田鱼和几盘素菜露天摆放在桌上，焚香跪拜，祭祀祈福。

其次"尝"的是列祖列宗。把一碗新米煮成的饭、一盘烧熟的田鱼和几盘素菜（不能用祭过天地的鱼、饭和素菜，要另盛）摆放在房屋中堂祖宗灵位前，仪式依照前者。

再次"尝"的是家中主要男劳力。古时候"男主外，女主内"，田里的活大多是靠男人干。这里的"尝"指"第一口"，是一种象征性行为，而不是由男劳力吃完整顿饭。

最后"尝"的是妇女、小孩以及老人。至此，合家共享稻饭鱼羹。

「冬藏贺新年」

青田地方美食

除了水稻和田鱼，青田还种植番薯、大豆、玉米等旱地作物以及白菜、豇豆、茄子等蔬菜，既为村民们提供了种类丰富的食物，也造就了当地独具特色的饮食文化。

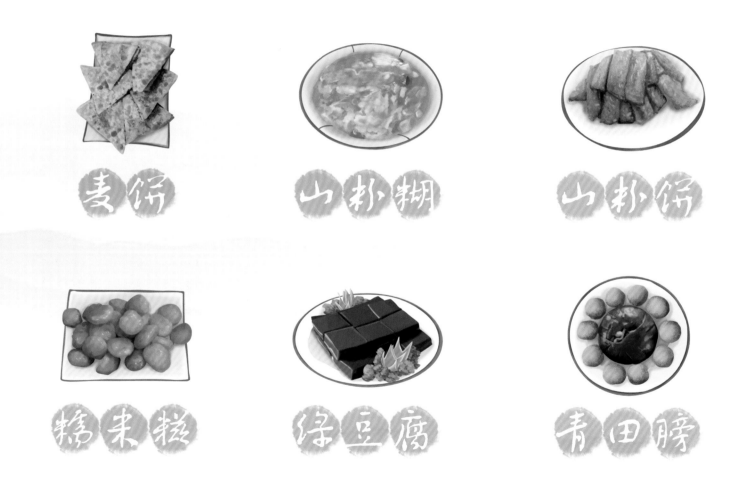

麦饼　　　　　山粉糊　　　　　山粉饺

糯米糍　　　　绿豆腐　　　　　青田膀

美食与节日

青田当地有在清明节前1~2天做清明果（青蓬馍糍）供节日食用的习俗。

青田糖糕寓意深长，是过年或娶亲必备的佳品。红色即希望生活红红火火，取"糕"为名则表示年年高（糕）升，甜味寓意甜甜蜜蜜。

千层糕是青田春节或农历七月半的传统食品。农历七月十五前后是一年中第一季稻谷收获的时节，青田家家户户都要用新收的稻米做千层糕，寓意一年更比一年高。

山粉饺是用番薯粉制作而成，在端午、冬至、春节用来招待客人的一道地方小吃。三角形的山粉饺象征着福禄寿三全，过年吃山粉饺，寓意扫除旧年的艰难与烦忧，并寄予新的一年美好祝愿。

青田有农历八月十五吃汤圆、豆粉擂的传统习俗，寓意团团圆圆。

番薯馍是在冬至、清明、春节或平时作点心待客的地方小吃。

青田鱼灯舞

　　青田鱼灯舞是青田最具地方特色的传统民间舞蹈，是当地民间舞蹈艺术、民间音乐艺术和民间手工制作技艺的高度集中体现，每逢节庆特别是春节、元宵节都会演出。2008年，青田鱼灯舞被列入第二批国家级非物质文化遗产代表作保护名录。

鱼灯舞的小知识

起源 青田鱼灯舞大约在元朝末年正式形成。最初是由海溪马岙村民制作鱼形灯具，随意摆弄玩耍，自娱自乐。后来，在刘基的指点下，将鱼灯舞加入一些淡水鱼虾的习性动作，使其初具雏形。

道具 鱼灯舞道具仿瓯江淡水鱼形象制作，造型精美，色彩鲜艳。一般由15盏鱼灯组成灯队，长柄大红珠为领队，四条龙头鱼身的红鲤鱼列前，河豚与虾蟹殿后。

伴奏 鱼灯舞的伴奏音乐叫"鱼灯鼓"，主要乐器有大鼓、大锣、大钹和小响（小锣），大型的锣、鼓、钹是"鱼灯鼓"的特色之一。

阵图 根据淡水鱼在不同季节的生活习性，青田鱼灯舞设计出"春鱼戏水""夏鱼跳滩""秋鱼泛白""鲤鱼跳龙门""冬鱼结龙"五个基本阵图，每个阵图都有不同寓意。"春鱼戏水"表达人们对美好生活的向往；"夏鱼跳滩"体现人们勇往直前的精神；"秋鱼泛白"是对生命繁衍的敬仰；"鲤鱼跳龙门"寓意飞黄腾达、大展宏图；"冬鱼结龙"阐释越是遇上恶劣的环境越要团结一致的人生哲理。

「拥抱世界」

　　稻田养鱼是一种拥有悠久历史的传统农业生产方式，在世界特别是亚洲的许多国家都有着广泛的实践。作为全球/中国重要农业文化遗产，青田稻鱼共生系统不仅为世界其他国家及中国其他地区的稻田养鱼实践提供了宝贵经验，而且为世界其他国家及中国其他地区的农业文化遗产保护提供了重要借鉴。

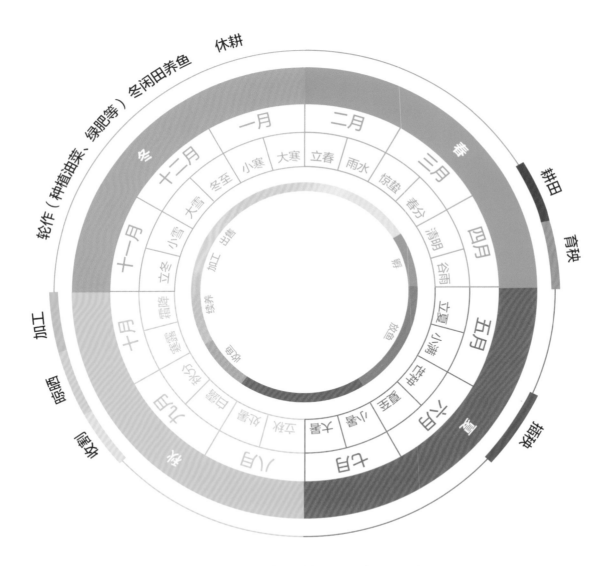

青田稻鱼共生系统的二十四节气

指导单位

中国农学会农业文化遗产分会

策划单位

中国科学院地理科学与资源研究所自然与文化遗产研究中心

浙江省丽水市青田县农业农村局

顾　问

李文华　闵庆文

作　者

焦雯珺

技术支持团队（按姓氏笔画排列）

王　斌　王　瑜　刘晓婧　孙红华　孙业红

吴伟立　吴旭丽　陈　欣　邹爱雷　赵玲玲

袁　正　郭晓勇　廖丹凤

参考文献

[1]　焦雯珺，闵庆文. 浙江青田稻鱼共生系统. 北京：中国农业出版社，2014.

[2]　陈欣，等. 青田稻鱼共生系统生态学基础及保护与利用. 北京：科学出版社，2021.

本书照片均由青田县农业农村局提供。